Birgit Kosthaus

Mein Hund

Hundeerziehung zu Hause

Inhaltsverzeichnis

HUND

Einleitung

Mit der Anschaffung eines Hundes beginnt eine schöne aber auch verantwortungsvolle Zeit. Zahlreiche Untersuchungen haben ergeben, dass sich das Zusammenleben mit Hunden positiv auf die Psyche und damit auch auf die Gesundheit des Menschen auswirkt. Hunde können jedoch nur dann unsere Lebensqualität positiv beeinflussen, wenn wir uns um ihre arteigenen Bedürfnisse kümmern. Neben artgerechter Fütterung, Pflege und Alters- und typentsprechender Bewegung spielt die konsequente Erziehung eine ganz entscheidende Rolle.

Ein Hund hat als Rudeltier ein angeborenes Bedürfnis nach einer erkennbaren Ordnung. Um Ihrem Hund das Eingewöhnen in seine neue Familie so einfach wie möglich zu machen, ist es wichtig, dass er in Ihnen eindeutig die Führungsperson erkennt, die für das Rudel verantwortlich ist. Die Führung zu haben heißt nicht seine eigenen Interessen mit Gewalt durchzusetzen, sondern ruhig und konsequent Grenzen zu setzen und den Hund langsam mit den Regeln in seinem Rudel und seiner neuen Umgebung vertraut zu machen. Ein ausgeglichenes Familienleben ist eine Voraussetzung dafür, dass der Hund Vertrauen zu Ihnen und sich selbst bekommt.

Um dieses Vertrauen weiter zu fördern, sollten Sie sich mit der modernen Hundeerziehung vertraut machen. Diese Erziehung basiert auf der Verhaltensbeobachtung von Wölfen, der Kenntnis über rassespezifisches Verhalten und dem Prinzip der positiven Verstärkung erwünschten Verhaltens.

Wie erfolgreich Sie bei der Erziehung Ihres Hundes sind und wie viel Geduld Sie dabei aufbringen müssen, hängt nicht zuletzt davon ab, für welche Rasse Sie sich entschieden haben. Die meisten Rassen wurden entwickelt, um bestimmte Aufgaben für den Menschen zu übernehmen. Bei der Zucht von Arbeitshunden wurde sorgfältig darauf geachtet, dass sich nur die Hunde fortpflanzen, deren Triebe für ihre speziellen Aufgaben besonders ausgeprägt waren. Ein Hütehund ohne Hütetrieb oder ein Schlittenhund, der sich nicht gerne bewegt, hätte keine Chance gehabt, seine Gene weiterzugeben. Diese teilweise seit Jahrhunderten durchgezüchteten Spezialisten verfügen über angeborene Verhaltensweisen, die zwar für ihre ursprünglichen Aufgaben unverzichtbar waren, jedoch bei ihrem Job als Familienhund zu Problemen führen können.

Je früher Sie anfangen, die angeborenen Verhaltensweisen Ihres Hundes zu beeinflussen, umso besser stehen die Chancen, dass sich seine eigentlichen Stärken nicht zu Problemen entwickeln.

» Auch bei Mischlingen schlummert das Erbe ihrer Rassehund-Vorfahren.

Die Haus- und Rangordnung

Damit angeborene Verhaltensweisen nicht zu Problemen werden, ist es wichtig, so früh wie möglich Einfluss zu nehmen.

Die Hausordung

Familienhund zu werden ist eine ganz schön anspruchsvolle Aufgabe, einen Junghund zum Familienhund zu erziehen auch. Das Leben in einer Wohnung ist mit Regeln verbunden, die erst einmal erlernt sein wollen. So darf man als Hund nicht an Möbeln nagen, nicht mit der Gardine spielen und verlockende Nahrungsmittel sind ganz offensichtlich nicht zur Freude des Hundegaumens bereitgestellt. Dem Hund geht es einzig und allein um die Befriedigung seiner Triebe. In der freien Natur würde er durch Spiel- und Nahrungstrieb gesteuert alles ausprobieren. Verhalten, das in irgendeiner Weise zum Erfolg führt, würde verinnerlicht und weiter ausgebaut.
Macht ein Hund in einer Situation durch Misserfolg, Schreck oder sogar Schmerz eine negative Erfahrung wird er auch dies verinnerlichen und bei nächster Gelegenheit anders reagieren.

Dieses Lernen am Erfolg beziehungsweise Misserfolg können Sie sich bei der Erziehung Ihres Hundes zu nutze machen.

Bei der Erziehung in der Wohnung heißt das ganz konkret dass Ihr Hund bei allen Dingen die Ihnen nicht gefallen keinen Erfolg haben darf. Da sich diese Aussage einfacher schreiben lässt, als in die Tat umzusetzen folgen einige Tipps.

Wer später nicht suchen will, sollte vorher aufräumen.

Vor Welpen und Junghunde ist nichts sicher. Gerade während des Zahnens haben Hunde fast ständig das Bedürfnis auf etwas herumzukauen. Kleidungsstücke und Schuhe sind beliebte Objekte. Hier wirkt am besten: aufräumen! Erziehen Sie sich selbst etwas zur Ordnung und räumen Sie allzu attraktive Stücke zumindest so lange in den Schrank, bis Ihr Liebling aus dem Gröbsten raus ist.

Zimmer in denen viele verlockende Kleinigkeiten wie zum Beispiel Stofftiere oder kleine Kunststoffteile offen herumliegen oder -stehen sollten dem Hund wenn überhaupt dann nur unter Aufsicht zugänglich sein.

» Kein noch so unmöglicher Ort ist vor der sensiblen Hundenase sicher.

Vorsicht bei Weihnachtstellern und kalten Buffets! Diesen Verlockungen kann kaum ein Hund widerstehen. Da es in einem normalen Haushalt immer wieder mal passiert, dass etwas Essbares auch für den Hund erreichbar ist, sollte er lernen, dass Nahrungsbeschaffung im Haushalt zu den Aktionen gehört, die negativ für ihn ausgehen. Am besten provozieren Sie eine solche Situation, indem Sie etwas besonders Verlockendes in für den Hund greifbare Nähe legen und den Raum verlassen. Beobachten Sie den potenziellen Dieb heimlich und schmeißen Sie im richtigen Augenblick, also bevor er seine Beute in der Schnauze hat, eine Rappeldose nach ihm.

Der Einsatz von Wurfketten, selber gebastelten Rappeldosen und Wasserpistolen ist immer dann empfehlenswert, wenn Ihr Hund sich mit seinem Verhalten selbst belohnen würde, Sie aber nicht möchten, dass er dieses Verhalten wiederholt. Er muss also während seiner Tat etwas Negatives erleben. Wichtig ist, dass Sie sich erst bemerkbar machen, wenn der Hund sich erschrocken hat. Guckt er Sie verdattert an, dann sprechen Sie freundlich mit ihm, locken ihn zu sich und lenken ihn von seinem ursprünglichen Plan ab. Wird sein Verhalten auf diese Weise einige Male unterbrochen, wird er es nicht mehr wiederholen.

» **Auf frischer Tat ertappt – nur im Moment des falschen Handelns macht es Sinn, den Hund darauf aufmerksam zu machen.**

INFOBOX

Vorsicht! Achten Sie darauf, dass diese negativen Erlebnisse immer dem Charakter Ihres Hundes angemessen sind. Bei Hunden, die ohnehin schon sehr ängstlich oder geräuschempfindlich sind, sollten Sie auf solche Einwirkungen verzichten. Um das Vertrauensverhältniss zwischen Ihnen und Ihrem Hund nicht zu schädigen, ist es wichtig, dass Ihr Hund auf gar keinen Fall merkt, dass diese Einwirkungen von Ihnen ausgehen.

Schimpfen Sie nie mit Ihrem Hund, wenn er bereits etwas angestellt hat. Ein Hund ist nicht in der Lage, einen Zusammenhang zwischen seiner Tat und Ihrem Ärger zu verstehen. Die Geschichten über Hunde, die mit einem schlechten Gewissen zur Tür kommen, wenn sie beim Alleine-Bleiben etwas angerichtet haben, entsprechen nur bedingt der Realität. Zwar kann ein Hund beispielsweise lernen, einen Zusammenhang zwischen einem ausgeschütteten Mülleimer und seinem verärgerten Besitzer zu sehen, es ist ihm aber nicht möglich, dies soweit zu verknüpfen: Wenn ich gar nicht erst an den Mülleimer gehe, dann wird Frauchen auch nicht böse.

Begegnen Sie dem wilden Aktivismus Ihres Junghundes mit Gelassenheit. Die Alphatiere eines Rudels zeichnen sich unter anderem dadurch aus, dass sie einen Großteil der Aktivitäten von Welpen und Junghunden einfach ignorieren.
Ihr Hund tut nichts um Sie zu ärgern – stellt er jedoch fest, dass er mit bestimmten Aktionen Ihre Aufmerksamkeit erregt, findet er Ihr Verhalten dann auch noch eher unterhaltsam als Respekt einflößend und wird diese Aktionen immer häufiger wiederholen, da Ihre Reaktion die eigentliche Belohnung darstellt.

Die Stubenreinheit

Ein Hausordnungspunkt ist die Stubenreinheit. Auch hier können Sie ganz entscheidend dazu beitragen, wie schnell Ihr Hund begreift, was Sie eigentlich von ihm wollen. Da Welpen jedoch noch wenig Kontrolle über ihre Blase haben, sind weder Sie noch Ihr Welpe schuld, wenn gelegentlich noch einmal was danebengeht. Selbst Junghunden kann noch das ein oder andere Malheur passieren, wenn ihre Blase überstrapaziert wird. Die ersten Wochen muss Ihr Welpe eigentlich immer: nach dem Schlafen, dem Essen, dem Trinken und nach dem Spielen. Sie sollten sich also darauf einrichten, ihn fast stündlich nach draußen zu begleiten. Laufen Sie dabei möglichst ruhig neben ihm her und vermeiden Sie größere Ablenkungen, um ihn nicht von Ihrem eigentlichen Vorhaben abzulenken. Wenn es draußen nämlich zu spannend ist, fällt ihm erst in der ruhigen Wohnung ein, dass er mal muss. Sobald er sich löst, loben Sie ihn ausgiebig. Je nach Art des Geschäfts begleiten Sie den Vorgang mit ruhig mit Wörtern wie zum Beispiel PIPI oder STINKER. Auch wenn das etwas komisch klingen mag, auch diese Wörter kann der Hund lernen und Sie sind später in der Lage, ihn an bestimmten Plätzen dazu aufzufordern, sich zu lösen. In der Wohnung gilt es, den Welpen gut zu beobachten. Sollten Sie ihn dabei erwischen wie er nach einem geeigneten Plätzchen sucht sagen Sie NEIN, nehmen ihn auf den Arm und bringen ihn nach draußen. Geht unbemerkt mal was daneben, hilft nur: freundlich bleiben und sauber machen.

Nachtruhe

Welpen haben während des Schlafens Körperkontakt zu ihren Geschwistern. Diese Nähe gibt ihnen das Gefühl von Geborgenheit. Mit zunehmendem Alter werden die Junghunde selbstständig und suchen sich eigene Ruheplätze. In Anbetracht dieser Beobachtung ist es nicht empfehlenswert, den Welpen nachts alleine zu lassen. Gerade nach der Trennung von seinen Geschwistern braucht er nachts Ihre Nähe, um sich in seinem neuen Rudel geborgen zu fühlen. In den ersten Nächten wird Ihr Schlaf noch gelegentlich unterbrochen. Sobald Sie merken, dass der Welpe unruhig wird, nehmen Sie ihn hoch und gehen an die frische Luft. Nachdem er sein Geschäft erledigt hat, tragen Sie ihn wieder herein und schlafen weiter. Während dieses Ausfluges sollten Sie nicht mit ihm sprechen oder sogar spielen. Je unspektakulärer diese Schlafunterbrechungen sind, umso besser. Auf diese Weise lernt Ihr Welpe, Sie nicht unnötig aufzuwecken.

Die Rangordnung

Ein Wolfsrudel ist eine Familie in der die beiden Elterntiere die ranghöchsten Positionen einnehmen. Sämtliche Aktivitäten des Rudels werden von den Alphatieren, also den Eltern eingeleitet. Wird ein Welpe in diese strukturierte Gemeinschaft hineingeboren, bietet sie ihm solange Schutz und Nahrung bis er als erwachsener Hund die Familie verlässt, um ein eigenes Rudel zu gründen.

Während sich die Welpen untereinander im Spiel auf ihre späteren Aufgaben vorbereiten, sind die erwachsenen Tiere damit beschäftigt, Nahrung herbeizuschaffen. Gerade die erwachsenen Tiere ignorieren die Welpen sehr häufig. Unerwünschte Verhaltensweisen erlahmen auf diese Weise von selbst. Ist es nötig, die Welpen zu disziplinieren, kann man bei erwachsenen Tieren drei Verhaltensweisen beobachten:

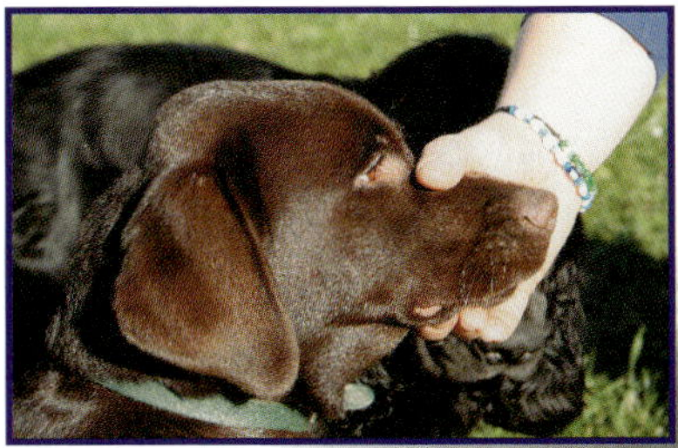

Leichter Schnauzgriff:
Der erwachsene Hund greift relativ sanft über die Schnauze des Welpen.

Harter Schnauzgriff:
Der erwachsene Hund greift heftiger über die Schnauze und zieht knurrend seine Lefzen hoch.

Umwerfen:
Der erwachsene Hund packt den Welpen am Körper und wirft ihn auf den Boden.

Ihr Hund wird sich nur dann an Ihnen orientieren, wenn Sie ähnlich einem Alphatier Führungsqualitäten beweisen.
Ignorieren Sie ihren Welpen regelmäßig und schenken Sie ihm nicht uneingeschränkt Beachtung. Dies gilt auch dann, wenn er Dinge tut, die Sie nicht wünschen. (Siehe Hausordnung!)
Sollte es nötig sein, Ihren Welpen zu disziplinieren, so wenden Sie die oben beschriebenen Maßnahmen an. Nackenschütteln oder kleine Schubser interpretiert Ihr Hund als Spielaufforderung und wird nur noch wilder.
Alle Aktivitäten gehen vom Rudelführer aus.
Das heißt, Sie sind derjenige, der Spiele oder Sozialkontakte einleitet, nicht Ihr Hund.

Wenn Sie Ihrem Hund keine Beschäftigung bieten, wird er sein Triebverhalten eigenständig und unkontrolliert ausleben und sich damit Ihrem Einfluss entziehen. Nur über das gemeinsame Spiel ist es möglich, den Hund an Regeln zu gewöhnen und sich als Initiator zu beweisen. Die gilt ganz besonders für ihre gemeinsamen Spaziergänge.
Nur wenn Sie im Umgang mit Ihrem Hund stets ruhig und konsequent handeln, wird er das Vertrauen zu Ihnen aufbauen, das er auch zu seinen Eltern hätte!

≫ Beim gemeinsamen Spiel sind Ihrer Fantasie keine Grenzen gesetzt. Der Markt bietet eine ganz Reihe unterschiedlichster Spielzeuge.

≫ Eine ganz besondere Herausforderung stellen diese interaktiven Spielsachen dar, die erst seit kurzem auf dem deutschen Markt erhältlich sind.

» Unter einem der Holzklötze wird ein Leckerli versteckt.

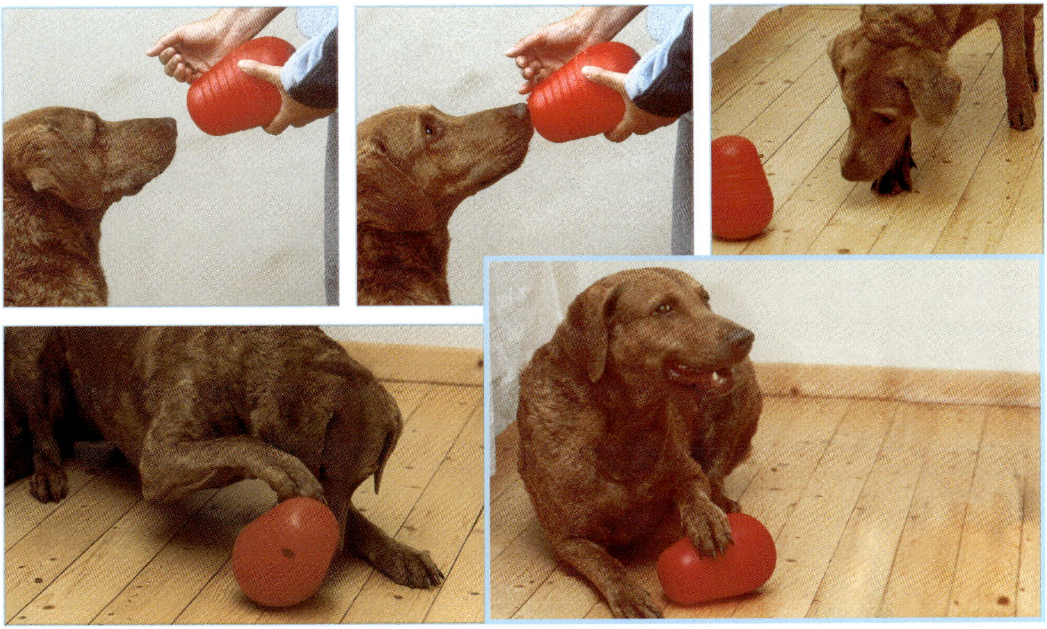

Mit einem gut erzogenen Hund an Ihrer Seite, sind dem gemeinsamen Spaß keine Grenzen gesetzt.

Halsbänder, Leinen & Co.

Halsbänder

Die Auswahl an Halsbändern im modernen Zoofachhandel ist riesengroß. Es finden sich mühelos Halsbänder für jeden Geschmack und jeden Geldbeutel. Nicht jedes Halsband eignet sich zur Ausbildung Ihres Hundes. Um Ihnen bei der Entscheidung zu helfen, welches Halsband für Sie und Ihren Hund in Frage kommt, geben wir Ihnen hier eine kurze Auflistung der gebräuchlichsten Halsbandtypen.

Verstellbare Nylonhalsbänder
eignen sich hervorragend für die Ausbildung von Welpen und Junghunden. Sie sind schnell an- und abzulegen, wachsen mit und sind waschbar.

Begrenzte Würger aus Nylon, Leder oder Metall
lassen sich schnell an- ablegen, um Verletzungen zu vermeiden, dürfen diese Halsbänder nicht zu eng, aber auch nicht zu weit sein. Würger ohne Begrenzung können zu Kehlkopfverletzungen führen und sollten generell nicht angewendet werden.

Schnallenhalsbänder

Sind häufig sehr dekorativ. Sie leisten gute Dienste während der täglichen Spaziergänge. Da Sie etwas mehr Mühe und Zeit benötigen, um diese schicken Bänder an- und abzulegen, eignen sie sich nur bedingt zur Ausbildung.

INFOBOX

Auf folgende Punkte sollten Sie beim Kauf eines Halsbandes achten:

- **Das Halsband sollte zur Anatomie des Hundes passen.**
- **Lederhalsbänder sollten sich geschmeidig anfühlen und doppelt vernäht sein.**
- **Nieten rosten häufig, daher sollten Verbindungen besser genäht als genietet sein.**
- **Bei Nylonhalsbändern sollte der Verschluss so beschaffen sein, dass sich der Zug nicht direkt auf den Verschluss befindet.**
- **Halsbänder egal aus welchem Material sollten nicht färben.**
- **Kettenhalsbänder sollten keine scharfen Kanten aufweisen.**

WELPEN UND JUNGHUNDE SOLLTEN BEIM SPIEL MITEINANDER KEINE HALSBÄNDER TRAGEN!!!

Leinen

Leinen gehören zur Grundausstattung jedes Hundes. Da die Beschaffenheit einer Leine einen großen Einfluss darauf hat wie gut und sicher Sie mit Ihrem Hund üben können, sollten Sie einige Kriterien beachten:

- **Der wichtigste Teil der Leine ist der Verschluss. Er muss leicht zu öffnen sein, darf sich jedoch auf gar keinen Fall von selbst lösen.**
- **Damit die Leine gut in der Hand liegt, darf sie nicht zu dick sein oder sogar scharfe Kanten aufweisen.**
- **Verbindungen sollten auf jeden Fall genäht und nicht genietet sein.**
- **Größe und Gewicht der Leine sollten zum Hundetyp passen.**
- **Neben diesen Kriterien ist es wichtig, zu wissen, welcher Leinentyp sich für die Ausbildung Ihres Hundes eignet.**

Einfache Leinen aus Leder oder Nylon

Diese Leinen eignen sich bestens für die Ausbildung aber auch für die täglichen Spaziergänge mit dem erwachsenen Hund. Gerade für unausgebildete Hunde bergen zusätzliche Ringe und Karabiner ein Verletzungsrisiko.

Welpenleinen

Als Welpenleinen eignen sich leichte flache Nylonleinen. Damit sie flexibel auf die Bewegungen Ihres Welpen reagieren können, ohne dass er zieht, sollte gerade diese Leine etwas länger sein. Der Karabiner sollte keinesfalls zu schwer sein.

Langlaufleinen

Die Arbeit mit den Langlaufleinen ist eine Möglichkeit mit dem „freilaufenden" Hund das Hörzeichen HIER zu trainieren. Die Langlaufleine sollte ein flaches Gurtband aus Nylon sein.

Moxonleinen
oder aber auch Retrieverleinen kommen bei der Jagd oder beim Dummytraining zum Einsatz. Um zu vermeiden, dass die Hunde hängen bleiben, sollten sie bei der Arbeit zwischen Ästen und Sträuchern kein Halsband tragen. Aus diesem Grund ist es sinnvoll, sie mit einem Griff gleichzeitig von Leine und Halsband zu befreien.
Die einfache Moxonleine zieht sich bei einem Ruck unbegrenzt zusammen! Seit einiger Zeit sind jedoch auch Leinen mit Begrenzung erhältlich, die auch für die Ausbildung jungen Hunde unbedenklich sind. In jedem Fall ist darauf zu achten, dass das Halsband korrekt angelegt wird, damit es sich nach einem Ruck wieder weitet.

Joggingleine
Die seit einiger Zeit erhältlichen Joggingleinen sind ideal, um mit dem ausgebildeten Hund auch in Gebieten joggen zu können in denen generelle Anleinpflicht herrscht.
Da diese sehr elastischen Leinen wenig Möglichkeit bieten, auf den Hund einzuwirken, sollten unausgebildete Hunde sicherheitshalber an normalen Leinen geführt werden.

Flexileinen
Flexileinen eignen sich nicht zur Ausbildung von Hunden. In Kombination mit einem Brustgeschirr können sie jedoch eine geeignete Hilfe sein, wenn Ihr Hund auf langen Spaziergängen angeleint bleiben muss. In diesem Fall verschafft ihm die Kombination Geschirr/Flexi die Möglichkeit sich freier zu bewegen, ohne dass er sich angewöhnt, an Halsband und Leine zu ziehen. Da Sie Ihrem Hund auf jeden Fall den Eindruck vermitteln, dass er Sie spazieren führt, sollte der Einsatz einer Flexileine wirklich nur als Notlösung betrachtet werden.

VORSICHT

WICKELN SIE SICH IHRE LEINE AUF KEINEN FALL UM IHR HANDGELENK!

BRUSTGESCHIRRE

Sind in den letzten Jahren stark in Mode gekommen und eignen sich auch bedingt für die Ausbildung von Hunden. In Kombination mit einer flexiblen Leine beim Joggen oder aber am Fahrrad sind sie geeigneter als ein Halsband.

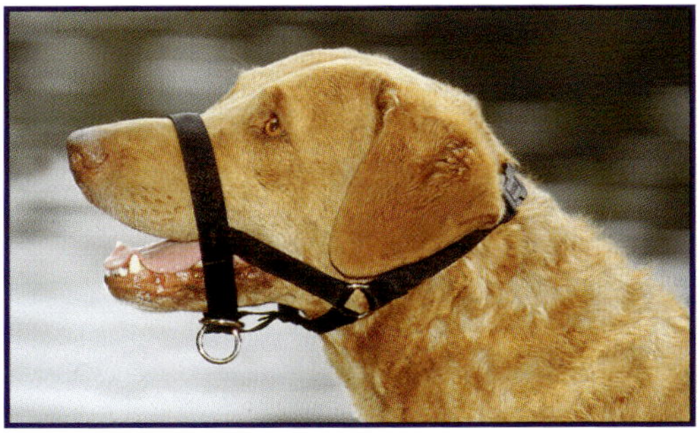

KOPFHALFTER

Die seit einigen Jahren in der Hundeerziehung eingesetzten Kopfhalfter oder Haltis sollten nicht ohne Hilfe durch einen Profi eingesetzt werden.Vorsicht! Welpen und Junghunden kann man aufgrund ihrer noch nicht vollständig gefestigten Muskulatur schwerwiegende Schäden zufügen. Bei der Korrektur von ausgewachsenen, schwer kontrollierbaren Raufern kann der Einsatz eines Haltis eine große Erleichterung sein.

Um die Vorteile dieser Methode nutzen zu können, bedarf es einiger Vorbereitungen.
In der 1. Phase wird der Hund mit Hilfe von Leckerchen nur an das Anlegen des Halfters gewöhnt. Während der 2. Phase trägt der Hund das Halti für kurze Zeit, wird jedoch wie gewohnt am Halsband geführt. Auch hierbei ist es wichtig, den Hund ständig zu loben, wenn er das Halti ignoriert. In der 3. Phase geht man dann dazu über, den Hund nach und nach über das Halti zu führen.

Die Sprache der Hunde

Um Missverständnisse im Zusammenleben mit Ihrem Hund zu vermeiden, ist es unverzichtbar, zunächst einmal etwas über seine Sprache zu erlernen. Nur ein gegenseitiges Verstehen ermöglicht ein stressfreies Lernen. So ist es unverzichtbar, die Sprache seines Gegenübers zu verstehen. Menschen untereinander haben oftmals schon Probleme mit ihrer Kommunikation. Sie haben sich sicher auch schon einmal dabei erwischt, dass Sie etwas gesagt haben, was Sie gar nicht so meinten.

Oder Sie kamen im Urlaub ganz schön ins Schleudern, weil Sie nicht richtig verstanden wurden. Wie soll sich da erst mal ein Hund unter Menschen fühlen? Je mehr Sie über die Sprache der Hunde wissen, umso leichter wird es Ihnen gelingen, mit ihnen ins Gespräch zu kommen. Sie werden besser verstehen, wie sich Ihr Hund fühlt und was er will. Außerdem erhalten Sie die Möglichkeit, sich ihm mitzuteilen und damit sein Verhalten zu kontrollieren.

≫ Aufgrund seines Fellkleides wird diesen Komodor nicht jeder verstehen.

Die Körpersprache

Hunde nutzen die Körpersprache als wichtigstes Kommunikationsmittel. Um Rückschlüsse auf die Stimmung eines Hundes ziehen zu können, ist es wichtig, die Kombination von Körperhaltung, Bewegung und der Gesichtsmimik in ihrer Gesamtheit zu betrachten.

Entspannung

Leo ist zufrieden und entspannt. Er fühlt sich weder bedroht noch stört irgendetwas seine innere Ruhe.

Aufmerksamkeit

Leo reagiert aufmerksam und wachsam auf Reize aus seiner Umgebung.

Starke Stimmungsschwankungen unserer Haushunde und die durch Zucht bedingten Einschränkungen der Ausdrucksmöglichkeiten machen es nahe zu unmöglich, alle Feinheiten der Körpersprache zu erkennen. Sie sollten jedoch in der Lage sein die wichtigsten Ausdrucksformen deuten zu können. Hund Leo verdeutlicht Ihnen die wichtigsten Stimmungen in seinem Hundeleben.

Dominanz / Aggression (offensive Drohung)

Leo ist ein selbstbewusster Hund. Fühlt er sich bedroht, teilt er es uns mit dieser offensiven Drohung mit, für Aggression bereit zu sein, womit auch seine Dominanz betont wird.

Furcht / Aggression (defensive Drohung)

Mit dieser Haltung zeigt Leo seine Furcht. Er macht seinem Gegenüber darauf aufmerksam, dass er sich nicht unterwirft und bereit ist anzugreifen.

Stress und größere Angst

Leo leidet unter Stress. Seine Verhalten richtet sich an niemand im Speziellen. Stressauslöser können soziale Ursachen oder Reize aus der Umgebung sein.

Furcht und aktive Unterwerfung

Leo fürchtet sich und will sich unterwerfen; fast alle seine Gesten sollen das ranghöhere Tier beschwichtigen, um keine weiteren Drohungen herauszufordern.

Extreme Furcht und totale Unterwerfung (passive Unterwerfung)

Mit diesen Gesten verdeutlicht Leo seine niedrige Rangordnung gegenüber dem dominanten, hochrangigen Tier. Mit diesem Beschwichtigungsverhalten will er jeglichen Konflikt vermeiden. Er unterwirft sich völlig und gesteht seine Niederlage ein.

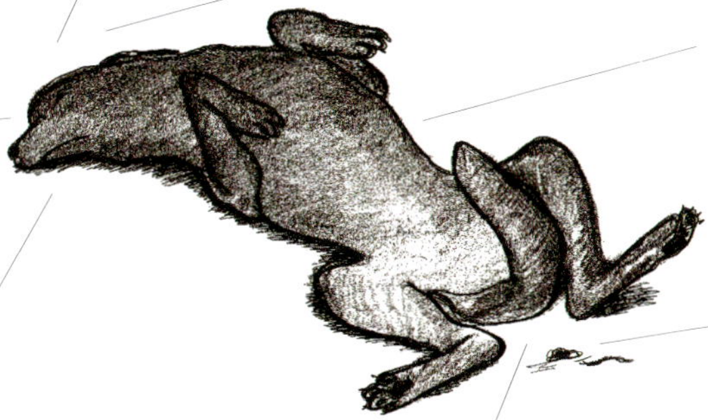

Verspieltheit

In dieser Körperhaltung lädt Leo zum Spielen ein. Er wird diese Stellung immer nur für einen kurzen Moment einnehmen, dabei kann er bellen oder übereifrig hin und herlaufen. Die Geste zeigt außerdem, dass eine etwaige Drohung nicht ernst gemeint war.

Neben den gezeigten komplexen Ausdrucksformen senden Hunde noch eine ganze Reihe kleiner Signale. Einige dieser Signale dienen dazu, sich selber zu beruhigen oder andere Hunde zu beschwichtigen. Um zu erkennen, was in Ihrem Hund vor sich geht, sollten Sie sich darin üben, ihn gut zu beobachten. Einige der nun folgenden Beschwichtigungssignale sind nur für Bruchteile von Sekunden sichtbar, andere wiederum werden nicht nur zur Beschwichtigung gezeigt. Es bedarf also einiger Übung dieses „Kleingedruckte der Hundesprache" zu entziffern, aber Ihr Hund wird es Ihnen danken. Folgende Gesten können Sie mitunter bei Ihrem Hund beobachten:

»Den Kopf abwenden

»Den Blick abwenden oder absenken

»Den Körper abwenden evtl. sitzend

»Langsame Bewegungen bis hin zum Erstarren

»Auf den Bauch legen

»Im Bogen auf jemanden zu gehen

»Über das Maul oder die Nase lecken

»Gähnen

»Sich dazwischen drängen

WICHTIG

Die so genannten Beschwichtigungssignale führen häufig zu Missverständnissen in der Hundeerziehung. Wird bei der Ausbildung mit zu viel Druck gearbeitet, reagieren Hunde unter diesem Stress häufig mit Beschwichtigungsverhalten. In der Annahme sein Hund sei besonders stur wird der unerfahrene Hundebesitzer den Druck noch erhöhen. Hier beginnt eine Spirale, an deren Ende möglicherweise ein Hund steht, der mit Aggression auf Menschen reagiert, weil ihm Beschwichtigung nicht geholfen hat.

Die Lautsprache

Neben der Körpersprache bedienen Hunde sich der Lautsprache, um miteinander zu kommunizieren. Gerade hier hat der Mensch erhebliche Unterschiede im Vergleich zu der Lautsprache von Wölfen geschaffen. So bellen Haushunde zum Beispiel wesentlich häufiger als Wölfe.

Hunde bellen in ganz unterschiedlichen Situationen. Je nach Tonlage können Sie unterscheiden, ob Ihr Hund einen Freund oder einen Fremden ankündigt, ob er Gesellschaft sucht oder mit Ihnen spielen will. Einige Hunde wie zum Beispiel Terrier bellen häufig einfach nur, weil sie erregt sind.

Das wolfstypische Heulen ist nur selten bei Haushunden zu hören. Heulen stärkt die Bindung innerhalb der Gruppe. Ausgesperrte oder verlassene Hunde heulen oft, um mit ihrem Rudel in Verbindung zu treten.

Knurren signalisiert dem Gegenüber, dass es angezeigt wäre, das Feld zu räumen. Wie ernst diese Drohung zu nehmen ist, ergibt sich aus der Tonlage und dem Gesamteindruck des Verhaltens. Beim Tauziehen oder anderen Zerrspielen kann es zum Knurren kommen, dieses Knurren gehört meist zum Spielverhalten und ist keine reale Drohung, aber Vorsicht auch hierbei gilt es, die Körpersprache zu beachten.

Das Jaulen vermittelt Abhängigkeit und Verlangen. Welpen und Junghunde drücken durch diese hohen Töne ihr Bedürfnis nach Nahrung, Hilfe oder sozialem Kontakt aus. Eine weitere Hilfe suchende Lautäußerung ist das Winseln. Das Winseln gehört zu den herzerweichendsten Tönen, die ein Hund von sich geben kann.

Es bedeutet übersetzt so viel wie „Ich habe Angst" oder „Ich bin verletzt". Bei extremen Schmerzen oder Todesangst können Hunde Schreie ausstoßen, die mehrere Sekunden anhalten und dann wiederholt werden. Solche Schreie werden von Rudelmitgliedern als Hilferuf interpretiert, können jedoch bei fremden Hunden den Jagdinstinkt auslösen.

Das Hecheln dient zwar nicht zur Verständigung untereinander kann jedoch ein deutlicher Hinweis auf das Befinden des Hundes sein. Hunde hecheln, um ihre Körpertemperatur zu regulieren. Da sie keine Schweißdrüsen besitzen und nur an den Fußballen schwitzen, sind sie darauf angewiesen, dass die Feuchtigkeit über die Zunge und das Maul verdunstet. Wenn ein Hund plötzlich hechelt ohne direkter Wärme oder der Sonne ausgesetzt zu sein, ist das ein Zeichen für Stress, Angst oder Erregung.

Verständigung über Geruch

Mit einiger Übung und Beobachtungstalent werden Sie also in der Lage sein, die Körper- und Lautsprache Ihres Hundes zu entschlüsseln. Es gibt jedoch eine weitere Verständigungsform unter Hunden. Hunde orientieren sich in ihrer Umwelt überwiegend durch ihren Geruchssinn. So ist es nicht verwunderlich, dass sie mit Hilfe ihrer feinen Nase auch über Geruchssinn miteinander kommunizieren. Auf jedem Spaziergang werden die chemischen Signale im Kot und Urin der anderen Hunde analysiert und geben Aufschluss über ihr Alter, ihr Geschlecht und ihren Rang.

auch diese Form der Begrüßung dient dazu, Informationen über sein Gegenüber zu sammeln.

In dieser Welt der geruchlich chemischen Kommunikation sind wir Menschen den Hunden deutlich unterlegen. Es ist uns einerseits nicht möglich, die Duftsignale eines Hundes zu interpretieren, andererseits senden wir über unsere Poren unzählige Gerüche aus, die ihm eine Menge über unsere Verfassung verraten. Dadurch ist es dem Hund zum Beispiel möglich, zu erkennen, dass jemand Angst hat, obwohl die Person über ihre Stimme und Körperhaltung versucht, Überlegenheit auszustrahlen.

Das wohl beeindruckendste Beispiel für diese Art der Kommunikation zwischen Mensch und Hund sind die in Amerika eingesetzten Epilepsie-Hunde.

Diese Hunde sind in der Lage, einen epileptischen Anfall ihres Besitzers schon vor dem Ausbruch zu erkennen und warnen ihren Menschen davor. Rechtzeitig gewarnt bleibt dem Epileptiker noch Zeit, die nötigen Vorsichtsmaßnahmen zu ergreifen. Die enorme Sinnesleistung ihrer Hunde trägt somit ganz entscheidend dazu bei, dass diese Menschen mehr Lebensqualität erhalten.

Solche Duftmarken werden gut „lesbar“ platziert und durch Kratz- und Scharrspuren noch unterstrichen. Häufig ist zu beobachten, dass Hunde sich gegenseitig vorzugsweise im Analbereich beriechen,

» **Gegenseitiges Beschnuppern gehört zum Begrüßungsritual.**

Hund und Mensch im Gespräch

» Der Junghund springt seinen Besitzer an. Dieser sagt zwar NEIN, die Mimik und das Schubsen mit den Händen ähnelt jedoch eher einer Spielaufforderung.

Hunde lernen sehr schnell auch die Körperhaltung, Bewegungen und Gesichtsausdrücke von uns Menschen zu interpretieren und ihre Schlüsse aus unserem Verhalten zu ziehen. Um Ihren Hund dabei zu unterstützen, ist es wichtig, dass Sie darauf achten, dass Ihre Körpersprache immer mit dem übereinstimmt, was Sie Ihrem Hund gerade sagen. Passen die beiden Ausdrucksformen nicht zueinander, gerät Ihr Hund möglicherweise in eine Konfliktsituation. Hunden, denen so etwas regelmäßig passiert, achten später weder auf das Wort noch auf die Körpersprache ihrer Besitzer. Schuld daran ist nicht der Hund, sondern der Mensch, der irreführende Signale gesendet hat.

Eine weitere Hürde in der Entschlüsselung unserer Körpersprache ist die Tatsache, dass wir Menschen uns verkleiden. Hüte, weite Mäntel oder Motorradhelme verändern unser Erscheinungsbild und viele Hunde haben ein Problem, uns als Mensch einzuordnen. Hunde werden nicht nur durch ein verändertes Erscheinungsbild, sondern auch durch unkoordinierte Bewegungen verunsichert. Aus diesem Grund ist es wichtig, dass Sie Ihren Hund schon als Welpe mit ungewöhnlich gekleideten und sich anders bewegenden Menschen konfrontieren.

Der Welpe wird von einem verkleideten Menschen gestreichelt und erhält ein Leckerli.

Da Menschen sich überwiegend dadurch verständigen indem sie miteinander reden, übertragen sie diese Art der Kommunikation auch auf ihren Umgang mit Tieren. Ein normaler Hund ist in der Lage circa 200 gesprochene Wörter unterscheiden zu können. Wobei nicht jedes dieser Wörter ein Kommando darstellt auf das der Hund mit einem bestimmten Verhalten reagiert. Vielmehr erkennt Ihr Hund die Bedeutung einzelner Wörter, die Sie ihm gar nicht bewusst beigebracht haben. Er verknüpft eine bestimmte Erwartungshaltung mit einem Wort. So können Wörter wie Zecke oder Baden unangenehme Gefühle in Hunden auslösen, auf die sie mit Flucht reagieren. Immer wiederkehrende Wörter wie Gassigehen oder Leckerli führen mit der Zeit zu Freudentänzen.

Neben dieser eher ungezwungenen Konversation gibt es jedoch Wörter, auf die Ihr Hund zuverlässig mit einem ganz bestimmten Verhalten reagieren sollte. Diese Wörter nennt man auch Kommandos. Da Ihr Hund diese Kommandos nur dann sicher befolgen kann, wenn Sie ihm ein guter Lehrer sind, sollten Sie den folgenden Tipps ganz besondere Aufmerksamkeit schenken.

TIPP 1

**Legen Sie ein Wörterbuch an.
Das heißt, notieren Sie auf welche Wörter Ihr Hund wie reagieren sollte.**

Beispiel:

Sitz = **Er setzt sich hin und bleibt sitzen.**

Platz = **Er legt sich hin und bleibt liegen.**

Lauf = **Sitz/Platz werden aufgelöst, der Hund darf aufstehen und sich entfernen.**

Achten Sie darauf, dass sich alle Familienmitglieder an ihr Wörterbuch halten.

TIPP 3

Ihr Hund lernt am schnellsten, wenn sein Verhalten positiv bestärkt wird. Damit Ihr Hund tatsächlich sein Verhalten mit der positiven Bestätigung verknüpft, haben Sie nur circa eine Sekunde Zeit ihm beispielsweise ein Leckerli zu geben.

Beispiel:
Ihr Hund hat Ihre Hand angetippt, Sie haben begeistert „TIPP“ gesagt und öffnen sofort die Hand, um ihm sein Leckerli zu geben.

TIPP 2

Bringen Sie den Hund dazu mit Hilfe von Leckerli, Spielzeug oder Körpersprache ein Verhalten zu zeigen und sagen Sie das passende Wort in dem Augenblick, in dem Ihr Hund wie gewünscht reagiert.

Beispiel:
Sie nehmen ein Leckerli in die geschlossene Hand und halten dies vor Ihren Hund. In dem Augenblick, in dem er die Hand mit der Pfote anklopft, sagen Sie „TIPP“.

TIPP 4

Ihr Hund lernt durch ständige Wiederholung. Er erkennt zunächst einmal die Situation und weiß, mit welchem Verhalten er reagieren muss, um bestätigt zu werden. Bis er tatsächlich nur auf Ihr Wort reagiert braucht er hunderte von Wiederholungen, dabei sollten Sie die Übungssituation immer etwas verändern.

Beispiel:
Der Hund riecht das Leckerli in Ihrer geschlossenen Hand und erinnert sich schon nach ein paar Wiederholungen, dass er es bekommt, indem er die Hand antippt – er erkennt die Situation. Halten Sie ihm zwei geschlossene Fäuste vor und nur in einer Hand befindet sich ein Leckerli. Sagen Sie erst Tipp, wenn Ihr Hund die richtige Hand antippt und bestätigen Sie ihn mit dem Leckerli.

TIPP 5

Wie schnell Ihr Hund lernt, liegt nicht nur daran wie geschickt Sie sich anstellen. Die völlig unterschiedlichen Charaktere unserer Hunde beeinflussen auch das Lernverhalten. Es gibt geduldige und ungeduldige, verfressene und gar nicht verfressene, Pessimisten und Optimisten.

Beispiel:
Der geduldige Hund sitzt mit ganz viel Hunger vor Ihrer geschlossenen Hand und wartet darauf, dass sie sich irgendwann von alleine öffnet. Er braucht etwas mehr Hilfe, damit er das richtige Verhalten zeigt. Der Ungeduldige möchte an das Leckerli und probiert alles Mögliche aus. Er springt, bellt, macht Männchen und tippt garantiert auch irgendwann Ihre Hand an. Damit er noch versteht, welche seiner zahlreichen Aktivitäten zum Erfolg geführt haben, müssen Sie sich unheimlich darauf konzentrieren, ihn genau zum richtigen Zeitpunkt zu bestätigen.

Die beschriebenen Beispiele lassen sich ganz einfach zu einem Kunststück ausbauen, indem Sie hinter Ihrem Rücken die Leckerlis immer wieder wechseln und jeden richtigen Tipp belohnen.

Die Grundschule

Laufen an lockerer Leine

Fast jeder Hundebesitzer träumt davon, seinem Hund Freiheit zu gönnen ohne die Einschränkung einer Leine frei zu laufen. Die Realität sieht jedoch häufig anders aus. Zum einen verbieten Gesetze das Freilaufen von Hunden in Parkanlagen, in bebauten Gegenden, an öffentlichen Plätzen usw.. Zum anderen ist nicht jeder Hund so gut ausgebildet, dass er überall zuverlässig hört. Das heißt, dass das an der Leine Gehen für fast jeden Hund zumindest zeitweise zum Pflichtprogramm gehört und gelernt sein will.

Sie haben sicher schon oft beobachtet, wie gerade Besitzer großer Hunde durch den Park gezogen wurden. Aber auch kleine Hunde, die ihre Besitzer an der Flexileine durch den Park führen, lassen die Frage aufkommen wer da eigentlich mit wem spazieren geht. Und genau darin liegt das Problem: Hunde, die nicht gelernt haben, sich an dem Menschen am anderen Ende der Leine zu orientieren, fühlen sich als Initiator dieser Ausflüge und bestimmen somit auch über deren Verlauf. Sie bestimmen, wann man stehen bleibt und wie lange und was noch schlimmer ist, sie bestimmen unter Umständen, wer noch so durch ihr Revier wandern darf und wer nicht. Selbst wenn es nicht so weit kommt, dass Ihr Hund an der Leine Aggressionen entwickelt, gibt es genug Gründe ihm das Laufen an lockerer Leine beizubringen.

- Der permanente Zug auf dem Halsband kann zu Kehlkopfreizungen führen.

- Gerade große Hunde sind in bestimmten Situationen gar nicht mehr zu halten, wenn sie nicht gelernt haben, sich an ihrem Besitzer zu orientieren.

- Ein Hund, der sich als Initiator eines Spaziergangs fühlt, wird nur sehr unmotiviert auf Ihre Einmischungen reagieren.

- Um es gar nicht so weit kommen zu lassen, sollten Sie Ihren Hund schon im Welpenalter Schritt für Schritt anleiten.

Schritt 1
Sobald Sie Ihren Welpen an das Tragen eines Halsbandes gewöhnt haben, leinen Sie ihn an einem ruhigen Ort an. Locken Sie ihn mit Hilfe von Futter neben sich her. Üben Sie schon kleine Wendungen und geben Sie ihm etwas von dem Futter in ihrer linken Hand. Die Leine sollten Sie während den Übungen in der rechten Hand halten.
Wenn der Welpe an der Leine zieht, bleiben Sie sofort stehen, locken ihn zu sich zurück und gehen erst wieder weiter, wenn er Blickkontakt aufgenommen hat.

Schritt 2
Hat sich Ihr Welpe an das Gehen an der Leine gewöhnt, dürfen Sie ihn mit der Regel vertraut machen, dass er Ihre Bewegungen zu kopieren hat. Das heißt, wenn Sie stehen bleiben und er auch sofort stehen bleibt, ohne dass die Leine stramm wird, loben Sie ihn sofort über Ihre Stimme und anfangs ruhig mit Futter. Reagiert er nicht auf Ihr Stehenbleiben, zupfen Sie kurz an der Leine und loben Sie ihn, sobald er reagiert. Wichtig ist hierbei, dass die Leine nicht schon stramm ist, wenn Sie stehen bleiben und Ihr Zupfen an der noch lockeren Leine der Situation angemessen ausfällt. Der Welpe kann so ohne Angst lernen, auf Sie zu achten.

Schritt 3
Ebenso verfahren Sie, wenn Sie einen rechten Winkel laufen. Biegen Sie deutlich nach rechts ab. Die Leine bleibt dabei locker. Wenn Ihr Hund folgt, loben Sie ihn sofort wie in Schritt 2 beschrieben, folgt er nicht, zupfen Sie einmal an der lockeren Leine in Ihre Richtung und loben ihn, sobald er die richtige Richtung eingeschlagen hat.

Schritt 4
Auf die oben beschriebene Weise können Sie mit einiger Übung immer wieder Richtung und Tempo ändern. Wichtig ist, dass die Leine immer locker bleibt und Sie Ihren Welpen immer dann besonders loben, wenn er prompt auf Sie reagiert, ohne dass Sie zupfen mussten.

Was sich hier wahrscheinlich einfach anhört, gestaltet sich in der Praxis oftmals als wahre Herausforderung und Bedarf einiger Übung. Folgende Tipps werden es Ihnen und Ihrem Hund noch etwas leichter machen:

- **Die Übungen an der Leine sind für Ihren Welpen sehr anstrengend und sollten jeweils mehrmals täglich nur für ein paar Minuten durchgeführt werden.**

- **Welpen lassen sich noch extrem ablenken. Üben Sie daher nur in reizarmer Umgebung und steigern Sie die Ablenkung nur langsam.**

- **Neben Futter helfen Ihnen besondere Leckerlis, Spielzeug und Spielaufforderungen dabei, den Hund trotz Ablenkung wieder zum Mitmachen zu motivieren.**

- **Sie helfen Ihrem Hund, indem Sie das Stehenbleiben und die Richtungswechsel deutlich über Ihre Körpersprache betonen und eventuell anfangs mit einem leisen „Tscht“ begleiten.**

- **Nehmen Sie Ihren Hund nur dann an die Leine, wenn Sie konsequent alle Spielregeln einhalten können. Wenn er später im Alltag zuverlässig an der Leine gehen soll, dann ist zunächst einmal jeder Leinenspaziergang eine Übungssituation.**

Sitz

Die Kommandos SITZ und PLATZ gehören zu den wichtigsten Grundwörtern und können schon dem Welpen spielerisch vermittelt werden.

Schritt 1

Sie nehmen ein Leckerli in die Hand und führen diese mit erhobenem Zeigefinger über den Kopf des Welpen. Sobald er sich setzt, sagen Sie deutlich SITZ und geben ihm sein Leckerli. Noch bevor er von sich aus wieder aufsteht, sagen Sie LAUF und lassen ihn aufstehen.

Schritt 2

Wenn Sie Ihren Hund an der Leine führen, sollte er lernen, links neben Ihnen zu sitzen. Dazu halten Sie die Leine in der rechten Hand und in der linken ein Leckerli. Die linke Hand mit dem ausgestreckten Zeigefinger geht vor der Nase des Hundes etwas nach oben. Sobald der Hund sich setzt, sagen Sie wieder SITZ und geben ihm das Leckerli. Mit einem KOMM gehen Sie gemeinsam mit dem Hund wieder los.

Schritt 3

Sobald der Hund zuverlässig auf das SITZ von sich aus reagiert, lassen Sie ihn neben sich sitzen und wippen mit dem rechten Fuß ein paar Mal hin und her, um ihn langsam an ablenkende Reize zu gewöhnen. Mit einem KOMM wird der Hund dann wieder aufgefordert, mit Ihnen zu kommen.

Schritt 4

Bleibt der Hund während Sie wippen ruhig sitzen, können Sie damit beginnen, sich einige Schritte von ihm zu entfernen. Dabei gehen Sie zunächst einmal langsam den Hund beobachtend von ihm weg und wiederholen ruhig das Kommando SITZ. Steht der Hund auf, sagen Sie ruhig NEIN und setzen ihn wieder hin. Anschließend gehen Sie noch einmal, allerdings nur halb so weit weg. Bei dieser Übung ist es wichtig, dass Sie den Hund nicht verunsichern, indem Sie ungeduldig oder zu ehrgeizig werden.

Gehen Sie ruhig zum sitzenden Hund zurück, loben Sie ihn vorsichtig und gehen Sie mit einem KOMM gemeinsam wieder los.

Vergrößern Sie so langsam Ihre Abstände und drehen Sie Ihrem Hund auch mal den Rücken zu.

Schritt 5

Ihr Hund sollte nicht nur zuverlässig sitzen bleiben, wenn Sie sich entfernen, sondern auch bei Ablenkung wie beispielsweise geworfenes Spielzeug oder Spielpartner in greifbarer Nähe.

Achten Sie deshalb darauf, dass Ihr Hund lernt, dass Sie jedes SITZ auflösen.

Lassen Sie Ihren Hund neben sich sitzen und leinen Sie ihn erst ab, wenn er trotz Ablenkung ruhig sitzen bleibt. Warten Sie noch einen Augenblick und schicken Sie ihn dann mit LAUF ins Vergnügen.

Platz

Schritt 1

Beim PLATZ gibt es verschiedene Methoden den Welpen dazu zu bringen, sich hinzulegen. Versuchen Sie es erst einmal so:

Sie setzen den Welpen ohne das Wort SITZ zu gebrauchen mit Hilfe des Leckerlis hin und führen es langsam an der Welpenbrust vorbei nach unten und dann nach vorne. Viele Welpen reagieren darauf, indem sie sich legen. Sollte das auch bei Ihrem Hund der Fall sein, sagen Sie PLATZ sobald er liegt, geben Sie ihm sein Leckerli und lassen Sie ihn dann mit LAUF wieder aufstehen.

Reagiert Ihr Hund nicht wie gewünscht, probieren Sie Methode 2:

Sie setzen sich mit einem ausgestreckten, leicht angewinkelten Bein auf die Erde und führen das Leckerli so unter dem Bein durch, dass Ihr Hund kriechen muss, um ihm zu folgen. In dem Augenblick, in dem er sich zum Kriechen hinlegt, sagen Sie PLATZ, geben ihm sein Leckerli und lassen Sie ihn dann schnell mit LAUF wieder aufstehen.

Schritt 2
Nach einigen Wiederholungen kennt Ihr Hund bereits die Situation und legt sich sobald sie die Hand und das Leckerli auf die Erde führen. Nun können Sie anfangen, die Ablenkung langsam zu steigern. Bleiben Sie dabei neben ihm hocken, legen Sie eine Hand zwischen seine Schulterblätter und wiederholen Sie das Wort PLATZ. Lassen Sie ihn erst mit LAUF wieder aufstehen, wenn er ganz entspannt ist.

Schritt 3
An der Leine sollte Ihr Hund links neben Ihnen liegen. Dazu machen Sie mit dem Leckerli in der linken Hand einen Ausfallschritt und führen Sie die Hand vor dem Hund zur Erde. Sobald er sich legt, sagen Sie PLATZ, geben ihm sein Leckerli und gehen nach kurzer Zeit mit KOMM wieder weiter.

Schritt 4

Sobald sich Ihr Hund ohne zu zögern legt, können Sie wie bei Sitz beschrieben damit anfangen, sich zu entfernen. Die Bildgeschichte zeigt einen kompletten Übungsverlauf.

GUT ZU WISSEN

- Bei den Übungen SITZ und PLATZ sollte Ihr Hund lernen, sich durch nichts soweit ablenken zu lassen, dass er seine Position durch Aufstehen verlässt.
- Diese beiden Kommandos werden ausschließlich durch Sie wieder aufgehoben. Verwenden Sie dazu die Wörter KOMM und LAUF.
- Auf das Wort KOMM sollte der Hund Ihnen folgen, das heißt, Sie verwenden es immer dann, wenn Sie gemeinsam weiter gehen.
- Das Wort LAUF verwenden Sie beispielsweise dann, wenn Sie Ihren Hund aus dem Sitzen oder Liegen ins Spiel mit anderen Hunden schicken.
- Wichtig ist, dass Sie konsequent darauf achten den Hund zu korrigieren sobald er aufsteht ohne dass Sie es durch eines der beiden Wörter erlaubt hätten.

Kommen auf Ruf – Hier

Es geht nichts über Spaziergänge, auf denen der Hund ohne Leine seinem Bedürfnis nach Bewegung und Spiel nachkommen kann. Um ihm diese Freiheit zu ermöglichen ohne ihn in Gefahr zu bringen oder andere Mitmenschen zu belästigen, muss er jedoch lernen, auf ein Signal hin zuverlässig zu seinem Hundeführer zurückzukommen. Neben dem Pfiff aus einer Hundepfeife ist das Kommando HIER ein weit verbreitetes Signal zum so genannten „Kommen auf Ruf".

Schritt 1

Zunächst nehmen Sie ein Leckerli in die Hand und machen Ihren Welpen darauf aufmerksam. Gehen Sie einige Schritte rückwärts und sagen Sie HIER, wenn er Ihnen folgt. Die Hand mit dem Leckerli bleibt am besten zwischen Ihren Schienbeinen und öffnet sich erst, sobald der Hund sich vor Sie setzt.

Sollte es zu lange dauern, bis der Hund sich setzt, wiederholen Sie nochmals das Wort HIER, belohnen Sie ihn zunächst nur fürs Kommen und üben Sie das Vorsitzen separat.

Schritt 2

Rufen Sie Ihren Hund mit seinem Namen, in dem Augenblick in dem Sie Blickkontakt haben laufen Sie weg und loben den Hund über ihre Stimme, wenn er sich in Ihre Richtung in Bewegung setzt. Sobald er bei Ihnen ankommt, sagen Sie HIER und bestätigen ihn mit seinem Leckerli. Anschließend versuchen Sie durch ein kleines Spiel noch weiter Kontakt zum Hund zu halten und leinen ihn währenddessen an.

Schritt 3

Sobald Ihr Hund die Übungen SITZ und PLATZ auch unter Ablenkung sicher beherrscht, können Sie anfangen, ihn aus dem Sitzen oder Liegen abzurufen. Dazu setzen Sie ihn ab und entfernen sich einige Schritte von ihm, warten einen Augenblick und rufen ihn mit HIER zu sich heran. Auch hierbei sollten Sie zunächst nicht steif stehen bleiben, sondern dem Hund durch spielerisches Rückwärtslaufen und Loben helfen.

INFOBOX

- **Sie sollten Ihren Hund konsequent bei jedem HIER mit einem Leckerli belohnen und ihn so häufig wie möglich wieder laufen lassen.**
- **Rufen Sie Ihren Hund nie mit dem Wort HIER, wenn Sie böse auf ihn sind. Achten Sie darauf, dass sowohl Ihr Tonfall als auch Ihre Körpersprache und Mimik einladend auf den Hund wirken.**
- **Einige Situationen wie z.B. das Spiel mit Artgenossen sind so berauschend, dass es Ihnen nur gelingen kann die Aufmerksamkeit des Hundes zu bekommen, wenn Sie Körperkontakt zu ihm aufnehmen. Folgt er Ihnen dann auch nur einige Schritte, loben Sie ihn ganz ausgiebig und schicken ihn wieder ins Spiel zurück. Versuchen Sie langsam, seine Aufmerksamkeit auch bei etwas größerem Abstand zu gewinnen.**
- **Rufen Sie nie HIER, wenn Sie sich nicht sicher sind, dass das Kommando befolgt wird. Das heißt: Sie sollten sich zu 99% sicher sein, dass Ihr Hund auch kommt, andernfalls lernt er, dass er auf den Reiz HIER nicht unbedingt reagieren muss.**
- **Wenn Sie Ihren Hund mit HIER gerufen haben, achten Sie darauf, dass Sie diese Übung auch wieder mit einem LAUF beenden. Lassen Sie den Hund nicht einfach wieder gehen, nachdem er sein Leckerli abgeholt hat.**

Einsatz der Langleine

Auch wenn Sie mit Ihrem Hund von klein auf das „Kommen auf Ruf“ üben, wird es unter Umständen Phasen geben in denen er im Freilauf so abgelenkt ist, dass er nicht auf Sie reagiert. Wenn alle Tricks wie zum Beispiel Weglaufen oder mit dem Spielzeug winken nicht mehr wirken und der Hund sich somit Ihrem Einfluss entzieht, ist es ratsam, das HIER mit Hilfe einer Langlaufleine durchzusetzen. Die Arbeit mit der Langleine ist gerade für frisch gebackene Hundebesitzer eine wahre Herausforderung. Mit 10 Meter Band zwischen sich und seinem Hund alleine käme man vielleicht noch zurecht, aber was, wenn sich einem noch Bäume oder Fahrradfahrer in den Weg stellen. Sie hier auf einer Seite zu einem Langleinprofie werden zu lassen ist unmöglich, aber vielleicht helfen Ihnen die folgenden Tipps, die häufigsten Fehler zu vermeiden.

- Bevor Sie überhaupt beginnen mit der Langleine zu arbeiten, sollte der Hund an das Tragen der Leine gewöhnt werden. Damit er nicht schon misstrauisch wird, wenn er die 10-Meter-Strippe trägt, sollte er mindestens einige Tage gerade an dieser Leine ausschließlich Spaß haben. Das heißt: Leine dran, spielen, Leine ab.

- Richten Sie sich Ihre Übungsspaziergänge so ein, dass Sie nicht gleich überfordert werden. Buschwerk und Fahrradfahrer sind Herausforderungen, an die Sie sich erst heranwagen sollten, wenn Sie die einzelnen Übungsschritte Rufen, Rucken, Locken und Loben im Schlaf beherrschen.

- Um Verbrennungen durch die Langleine zu vermeiden, sollten Sie bei den Übungen stets Handschuhe, festes Schuhwerk und lange Hosen tragen.

- Für andere Junghunde stellt die Leine, die Ihr Hund hinter sich herzieht, eine gefährliche Verlockung da. Beim Versuch das Band zu jagen, können sie sich Verletzungen zuziehen. Deshalb sollten Sie ihn wenn möglich beim Spielen lieber von der Leine nehmen.

- Der Ruck soll das Wort HIER zusätzlich unterstützen. Das heißt: Es sollte als Hilfe verstanden werden, nicht als Strafe. Provozieren Sie keine Situationen, bei denen Ihr Hund mit 10 Meter Anlauf in die Langleine kracht. Das kann gerade bei großwüchsigen Junghunden zu Verletzungen führen.

- Der Hund darf nicht die Erfahrung machen, dass er mit Langleine hören muss und ohne nicht. Aus diesem Grund ist es ratsam, dass Sie, wenn Sie erst einmal mit dem Langleinentraining begonnen haben, dieses auch konsequent bei jedem Freilauf fortsetzen. Läuft Ihr Hund mal mit und mal ohne Langleine wird er sehr schnell herausfinden, dass Ihr Einfluss etwas mit der Langleine zu tun hat. Ab diesem Zeitpunkt wird er mit Langleine kommen und ohne eben nicht.

- Wie lange Sie mit der Langleine arbeiten müssen, hängt unter anderem von dem Verhalten Ihres Hundes ab. Sobald Sie der Meinung sind, dass Ihr Hund sich in allen denkbaren Situationen zurückrufen lässt, sollten Sie die Langleine Woche für Woche ein Stück kürzen. Dies ist sinnvoller als sie von einem Tag auf den anderen ganz wegzulassen, da der Hund sich so langsam an die neue Situation gewöhnt.

» Leinen Sie den Hund von seiner Führleine ab und legen Sie die Langleine an.

» Lassen Sie ihn sich entfernen und warten Sie bis er etwas abgelenkt ist.

» Rucken Sie ihn einmal kurz an und rufen Sie gleichzeitig „Hier“.

» Laufen Sie etwas rückwärts und loben sie Ihren Hund, wenn er Ihnen folgt.

Lassen Sie ihn vorsitzen.

Lassen Sie ihn sich noch einen Augenblick auf das Leckerli in Ihrer Hand konzentrieren und belohnen Sie ihn damit.

Kind und Hund

Die meisten Kinder lieben Tiere und früher oder später sehen sich Eltern mit dem Wunsch nach einem Familienhund konfrontiert. Zweifelsohne ist das Zusammenleben mit einem erzogenen Hund ein verlockender Gedanke, damit aber aus diesem Traum kein Albtraum wird, der wohlmöglich damit endet, dass der Hund wieder abgegeben werden muss, sind einige Punkte zu beachten.

Ist der lang ersehnte Familienzuwachs erst einmal im Haus, möchte sich Ihr Kind naturgemäß sofort mit ihm beschäftigen, vielleicht wurde ihm sogar schon vor der Anschaffung vermittelt, dass dies sein Hund ist. Damit der Hund nicht zu einer Enttäuschung wird und er nicht schon bei seinem Einzug Zeuge eines Familienstreites wird, sollten einige Dinge schon vor seiner Anschaffung besprochen werden.

Hunde werden zwar gekauft, als Familienmitglied gehören sie aber niemandem. Die Verantwortung für den Hund können nur die Erwachsenen in der Familie tragen. Ihr Kind sollte selbstverständlich in Entscheidungen mit einbezogen werden.

Kinder haben gelegentlich eine zu hohe Erwartungshaltung an den Hund. Je nach Reife ist es für sie schwer vorstellbar, dass die in Filmen gezeigten Superhunde wie Rex und Co. nur Produkte einer Scheinwelt sind, die mit normalen Hunden nichts zu tun hat. Um Frust zu vermeiden, sollten Sie so früh wie möglich mit Ihrem Kind darüber sprechen, wie es sich das Zusammenleben mit Ihrem ganz normalen Hund vorstellt.

Für den Neuankömmling ist es wichtig, zunächst einmal zu einer Person eine Bindung aufzubauen. Aus diesem Grund dürfen nicht alle Familienmitglieder gleichzeitig um seine Aufmerksamkeit kämpfen. Da es gerade Kindern sehr schwer fällt, sich zurückzunehmen, sollten Sie schon im Vorfeld Regelungen treffen, die für alle Beteiligten einen sinnvollen Kompromiss darstellen.

Ihr Kind ist stolz darauf, dem Hund etwas beizubringen und sollte schon früh spielerisch in die Erziehung einbezogen werden. Die wichtigsten Kommandos wie Sitz, Platz, Hier und Nein sollten dem Hund jedoch ausschließlich von einem Erwachsenen beigebracht werden.

Vielleicht träumt Ihr Kind davon, alleine mit dem Hund spazieren zu gehen. Das ist leider nicht möglich. Abgesehen von Haftung und Gesetzen ist kein Kind der psychischen Belastung gewachsen, wenn auf einem Spaziergang etwas passiert. Selbst wenn Ihr Kind verkehrssicher und der Hund noch so gut erzogen ist, kann es im Straßenverkehr oder bei Kontakt mit fremden Hunden jederzeit zu Situationen kommen, denen selbst Erwachsene nur bedingt gewachsen sind.

Der Hund als Erziehungshelfer?

Zahlreiche Studien haben ergeben, dass der Hund in mehrfacher Hinsicht zu einem wichtigen Erziehungshelfer werden kann.

Fühlt sich das Kind gelegentlich zu wenig beachtet oder ungerecht behandelt, gibt der Hund Wärme und Geborgenheit ohne Bedingungen zu stellen. Der Hund bietet Gesprächsstoff und fördert so die Sprachentwicklung. Das Kind kann lernen, warum Eltern manchmal streng sein müssen, wenn es die Eltern bei der Hundeerziehung beobachtet.

Das genaue Beobachten der Körpersprache des Hundes fördert auch im Umgang mit Menschen die Sensibilität des Kindes. Im Idealfall wird die Familie zum Team, das bei der Erziehung des Hundes an einem Strang zieht.

Aber Vorsicht: Bei allen Untersuchungen, die die positiven Seiten des Zusammenlebens mit einem Hund belegen, wird von dem Hund ausgegangen, der eine artgerechte Erziehung genossen hat. Das heißt, bevor der Hund zum Erziehungshelfer werden kann, muss er selber erst einmal gut erzogen werden.

Der kindersichere Hund?

Um zu klären welcher Hund am besten in eine Familie mit Kindern passt, ist es sinnvoll zunächst einmal Informationen über die in Frage kommenden Rassen einzuholen. Natürlich sollten alle Familienmitglieder den Hund optisch ansprechend finden, ausschlaggebend ist jedoch der Charakter eines Hundes und die damit verbundenen Neigungen und Bedürfnisse.

Da einige Züchter ihre Rasse durch eine rosa Brille sehen oder schlichtweg nur verkaufen wollen, ist es ratsam, sich von einem Tierarzt oder Hundetrainer beraten zu lassen. Egal, für welchen Hund Sie sich entscheiden, den kindersicheren Hund gibt es nicht. Um das Risiko so gering wie möglich zu halten, ist es wichtig zu wissen, wie Hunde auf Kinder reagieren und einige unfallträchtige Situationen zu vermeiden.

Ein Baby kommt zum Hund

Sie erwarten ein Baby und das bedeutet für Ihren Hund, dass in Zukunft nichts mehr so sein wird, wie es einmal war. Tagesabläufe und Rituale ändern sich. Er muss plötzlich die Aufmerksamkeit mit jemanden teilen und es wird Situationen geben, in denen er Ihr Verhalten nicht einordnen kann. Um Irritationen so gering wie möglich zu halten, sollten Sie einige Vorbereitungen treffen.

Ändern Sie Tagesabläufe und Rituale schon während der Schwangerschaft, sodass Sie in Ihren später zu erwartenden Zeitablauf passen. Gewöhnen Sie Ihrem Hund spätestens jetzt Unarten wie das Ziehen an der Leine oder Anspringen ab. Bieten ihm seine angestammten Liegeplätze auch dann noch genügend Ruhe und Rückzugsmöglichkeiten, wenn Ihr Nachwuchs zu krabbeln beginnt? Wenn nicht, sollten Sie ihn schon vorher an geeignetere Ruheplätze gewöhnen. Ist Ihr Hund geräuschempfindlich, sollten Sie ihn schon einmal vorsichtig mit Babyschreien vom Tonband vertraut machen.

Wenn Ihr Baby geboren ist, bringen Sie ihm Kleidung des Kindes mit, damit er sich mit dem neuartigen Geruch vertraut machen kann. Aber Vorsicht, lassen Sie ihn auf keinen Fall mit der Kleidung spielen!

Kommt das Baby nach Hause, sollte Ihr Hund es beschnuppern dürfen. Sollte Ihr Hund sich in irgendeiner Weise nachhaltig irritiert oder sogar aggressiv verhalten, dürfen Sie nicht zögern, sich sofort an einen kompetenten Verhaltensberater zu wenden!

Vermeiden Sie es, dem Hund nur Aufmerksamkeit zu schenken, wenn das Kind im Bett liegt, sonst beginnt er vielleicht, es vertreiben zu wollen.

Hunde und Krabbelkinder

Bei einem gut sozialisierten Hund genießen Babys und Kleinkinder ähnlich wie ein Welpe viele Freiheiten, das heißt, sie dürfen sich häufig Dinge erlauben, die bei größeren Kindern nicht geduldet würden. Aber Vorsicht, auch kleine Kinder geraten in Situationen, in denen sie als Welpe durch den erwachsenen Hund zurechtgewiesen würden. Ihre Umwelt erforschend stören sie den Hund beim Fressen oder Schlafen oder tun ihm sogar weh. Selbst ein noch so toleranter Hund hat seine Grenzen. Wenn drohende Blicke, knurren und sogar Lefzen hochziehen ignoriert werden, dann erfolgt eine Zurechtweisung in Form eines Schnauzgriffs oder der renitente Quälgeist wird zu Boden gedrückt. Welpen würden bei dieser Form der Zurechtweisung nicht sonderlich verletzt und lernen schnell, auf Drohgebärden mit entsprechendem Respekt zu reagieren. Ihr Kind, das eine viel verletzbarere Haut hat als ein Welpe, kann schlimme Verletzungen davontragen. Da Hunde instinktiv reagieren und Kleinkinder noch nicht über Hundeverhalten aufgeklärt werden können, ist es unmöglich, sie unbeaufsichtigt zu lassen. Gerade während der Fress- und Ruhezeiten sollten Sie darauf achten, dass Ihr Hund nicht gestört wird. Der Einsatz von Laufstellen oder Trenngittern lässt manche Probleme gar nicht erst entstehen.

Aus kleinen Quälgeistern werden Spielgefährten

Bis das Kind mit seinem Erscheinungsbild und seinem Verhalten eher einem Erwachsenen gleicht, hat es nur in Ausnahmefällen eine Chance, als Boss angesehen zu werden. Um Ranggefechte zu vermeiden, ist es wichtig, dass Sie Ihrem Kind erklären, dass ein Hund zwar Spielgefährte sein kann, aber nicht muss. Viele gerade junge Hunde sind begeistert von Kindern und zu jedem Spiel bereit. So etwas lässt sich aber nicht erzwingen. Nur wenn Sie als Erwachsener Ihr Einfühlungsvermögen und Ihre Fachkenntnisse kindgerecht vermitteln und der Hund eine positive Einstellung zu Kindern hat, besteht die Chance, dass Kind und Hund ein tolles Team werden.

TIPP

Es ist völlig normal, wenn die Anfangsbegeisterung Ihres Kindes schwindet. Sie können jedoch eine Menge dazu betragen, dass das Interesse an Ihrem neuen Familienmitglied nicht völlig versiegt oder sogar Frust aufkommt.

Gestalten Sie die gemeinsamen Spaziergänge so abenteuerlich wie möglich. Langweilige Runden durch den Park begeistern weder Kind noch Hund.

Fördern Sie Ihr Kind darin, dem Hund etwas beizubringen und organisieren sie kleine Auftritte der beiden zum Beispiel auf Omas Geburtstag. Kind und Hund brauchen Bewunderung.

Lassen Sie Ihr Kind Geburtstags- oder Weihnachtskarten aus Hundefotos basteln oder backen Sie gemeinsam mit ihm Hundeleckerlis.

Einige Hundeschulen bieten Kurse speziell für Kinder an. Gerade in der Gemeinschaft mit anderen Kindern lernt es sich viel besser.

Gemeinsames Lernen und Spielen

Kinder und Hunde haben viel gemeinsam, sie brauchen Führung, reagieren besonders sensibel auf Stimmungen, sie fühlen sich gut, wenn sie gelobt werden und entdecken spielerisch ihre Welt. Gerade Junghunde sind immer zu einem Spiel aufgelegt und trainieren wie Kinder im Spiel Geschicklichkeit, Reaktionsvermögen und Konzentration. Betrachtet man jedoch Hunde beim gemeinsamen Spiel und berücksichtigt ihre Triebe als Jäger, wird einem deutlich vor Augen geführt, dass es beim Spiel mit Kindern unerlässlich ist, Vorsichtsmaßnahmen zu ergreifen.

- **Lassen Sie Ihr Kind nie unbeaufsichtigt mit dem Hund spielen, damit Sie jederzeit in der Lage sind, einzugreifen, wenn das Kind oder auch der Hund überfordert sind.**
- **Zerrspiele mit dem Hund sind für das Kind gefährlich und sollten nur unter Aufsicht mit einem Hund gespielt werden, der sofort auf das Kommando AUS reagiert.**
- **Spielzeug darf nie in Kopfhöhe gehalten werden, um zu verhindern, dass der Hund das Kind anspringt.**
- **Da Hunde bei Rennspielen ihre Partner mit den Zähnen festhalten und Kinder nicht durch ein Fell geschützt werden, sind Verfolgungsjagden absolut tabu.**
- **Wenn fremde Kinder zu Besuch sind, wird häufig besonders ausgelassen getobt. Ihr Hund könnte Situationen missverstehen oder sich einfach nur von der wilden Stimmung mitreißen lassen und überreagieren. Separieren Sie ihn früh genug, ohne dass er sich bestraft vorkommen muss.**

Es gibt jedoch eine Reihe von gemeinsamen Beschäftigungen, bei denen Kind und Hund ohne größeres Risiko eine Menge Spaß miteinander haben können:

Hula-Hoop Reifen springen

Teppich abrollen

Kinderkriechtunnel

Literaturverzeichnis

STANLEY COREN, Kosmos Verlag, 2002.
Die geheimnisse der Hundesprache.
Stuttgart;

GÜNTHER BLOCH, Kosmos Verlag, 2004.
Der Wolf im Hundpelz. Stuttgart;

MANUELA VAN SCHEWICK / CHRISTINE STEIMER, BLV Verlag, 2002. Kind & Hund. München;

CLAUDIA FISCHER/BETTINA SCHÖNFELDER, Cadmos Verlag, 2001. Wenn Kind und Hund... . Brunsbeck;

KLAUS KLEEMANN/UDO NAPPERT, bede Verlag, 2005. Kontakt your dog - Mit Hunden flüstern... Ruhmannsfelden;

Bildnachweis:
alle Bilder von Bernd Brinkmann/ Bochum
Schwarz-Weiß-Illustrationen von Tatjana Schikorski

Das interaktive Spielzeug ist von Nina Ottosson aus Schweden und in Deutschland über die Firma Pet-pillow zu beziehen.
www.pet-pillow.de

Über die Autorin

Birgit Kosthaus
Surkenstraße 160
44797 Bochum
Telefon 0234 / 7980512
Fax 0234 / 7980511
info@wolfsspiele.de
www.wolfsspiele.de

Die Autorin lebt mit ihrem Mann und ihren beiden Hunden in Bochum. Sie ist seit 1994 Verhaltenstrainerin für Hunde. Im März 2002 gründete sie die Hundeschule „Wolfsspiele“. In dieser Hundeschule werden Hundebesitzer auf der Grundlage aktueller verhaltensbiologischer Erkenntnisse trainiert.